中国工程建设协会标准

水锤吸纳器应用技术规程

Technical specification for application of
water hammer arrestor

CECS 425：2016

主编单位：中国建筑金属结构协会给水排水设备分会
　　　　　广东永泉阀门科技有限公司
批准单位：中国工程建设标准化协会
施行日期：２０１６年６月１日

中国计划出版社

2016　北　京

中国工程建设协会标准
水锤吸纳器应用技术规程
CECS 425：2016
☆
中国计划出版社出版
网址：www.jhpress.com
地址：北京市西城区木樨地北里甲11号国宏大厦C座3层
邮政编码：100038　电话：(010)63906433(发行部)
新华书店北京发行所发行
廊坊市海涛印刷有限公司印刷

850mm×1168mm　1/32　1印张　22千字
2016年4月第1版　2016年4月第1次印刷
印数1—2080册
☆
统一书号：1580242·909
定价：12.00元

版权所有　侵权必究
侵权举报电话：(010)63906404
如有印装质量问题，请寄本社出版部调换

中国工程建设标准化协会公告

第 231 号

关于发布《水锤吸纳器应用技术规程》的公告

根据中国工程建设标准化协会《关于印发〈2011年第二批工程建设协会标准制订、修订计划〉的通知》(建标协字〔2011〕111号)的要求,由中国建筑金属结构协会给水排水设备分会、广东永泉阀门科技有限公司编制的《水锤吸纳器应用技术规程》,经本协会建筑给水排水专业委员会组织审查,现批准发布,编号为 CECS 425:2016,自 2016 年 6 月 1 日起施行。

中国工程建设标准化协会
二〇一六年三月七日

前 言

根据中国工程建设标准化协会《关于印发〈2011年第二批工程建设协会标准制订、修订计划〉的通知》（建标协字〔2011〕111号）的要求，规程编制组经广泛调查研究，认真总结各地实践经验，参考有关国内外标准，并在广泛征求意见的基础上，制定本规程。

本规程共分6章和1个附录，主要内容包括：总则、术语、水锤吸纳器、选用和设置、安装、验收和维护等。

本规程由中国工程建设标准化协会建筑给水排水专业委员会归口管理，由中国建筑金属结构协会给水排水设备分会（地址：北京市海淀区北四环西路88号，邮政编码：100097）负责解释。在使用过程中如发现需要修改或补充之处，请将意见和资料寄送解释单位。

主 编 单 位：中国建筑金属结构协会给水排水设备分会
　　　　　　　广东永泉阀门科技有限公司
参 编 单 位：北京永泉腾达阀门科技有限公司
　　　　　　　安徽红星阀门有限公司
　　　　　　　杭州春江阀门有限公司
　　　　　　　株洲南方阀门股份有限公司
　　　　　　　济南玫德铸造有限公司
　　　　　　　安徽铜都流体科技股份有限公司
主要起草人：华明九　刘　杰　曹　掾　葛　欣　陈键明
　　　　　　吴柏敏　陈　寄　韩安伟　柴为民　黄　靖
　　　　　　孔令磊　黄晓蓓　程　华
主要审查人：左亚洲　赵　锂　刘建华　任向东　徐　凤
　　　　　　郑克白　孙　钢　赵力军　方玉妹

目　　次

1 总　　则 …………………………………………………（ 1 ）
2 术　　语 …………………………………………………（ 2 ）
3 水锤吸纳器 ………………………………………………（ 3 ）
4 选用和设置 ………………………………………………（ 4 ）
5 安　　装 …………………………………………………（ 7 ）
6 验收和维护 ………………………………………………（ 9 ）
　　6.1 验收 …………………………………………………（ 9 ）
　　6.2 维护 …………………………………………………（ 9 ）
附录 A 水锤吸纳器结构型式 ……………………………（10）
本规程用词说明 ……………………………………………（13）
引用标准名录 ………………………………………………（14）
附：条文说明 ………………………………………………（15）

Contents

1 General provisions ···································· (1)
2 Terms ···································· (2)
3 Water hammer arrestor ···································· (3)
4 Selection and setting ···································· (4)
5 Installation ···································· (7)
6 Acceptance and maintenance ···································· (9)
   6.1 Acceptance ···································· (9)
   6.2 Maintenance ···································· (9)
Appendix A Structural type of water hammer
          arrestor ···································· (10)
Explanation of wording in this specification ···································· (13)
List of quoted standards ···································· (14)
Addition:Explanation of provisions ···································· (15)

1 总　　则

1.0.1 为使水锤吸纳器在选择和设置、安装、验收和维护中做到安全可靠、经济合理、技术先进、使用方便，制定本规程。

1.0.2 本规程适用于新建、改建和扩建的工业给水工程、城镇给水工程、消防给水工程、建筑给水工程和再生水给水工程中水锤吸纳器的选用、设置、安装、验收和维护。

1.0.3 水锤吸纳器应符合现行行业标准《建筑给水水锤吸纳器》CJ/T 300 的有关规定。

1.0.4 水锤吸纳器的选用、设置、安装、验收和维护除应符合本规程外，尚应符合现行国家标准《建筑给水排水设计规范》GB 50015 和《建筑给水排水及采暖工程施工质量验收规范》GB 50242 的有关规定。

2 术　　语

2.0.1 水锤吸纳器　water hammer arrestor

通过密封缓冲气压腔对水锤实现缓冲，能使给水管道和设施免遭水锤破坏或消除由水锤引起的噪声和振动的水力防护装置。按照结构型式可以分为活塞式水锤吸纳器和胶胆式水锤吸纳器。活塞式水锤吸纳器均为充气式，胶胆式水锤吸纳器分为充气式和不充气式。

2.0.2 快速启闭阀　quick open-and-close valve

具有快速开启和关闭功能的阀门，如水嘴、球阀、混合阀等。

3 水锤吸纳器

3.0.1 水锤吸纳器结构型式应符合本规程附录 A 的规定。
3.0.2 水锤吸纳器的技术参数应符合表 3.0.2 的规定。

表 3.0.2 水锤吸纳器的技术参数

结构型式	公称尺寸 DN	公称压力（MPa）	充气状态	连接方式	介质温度（℃）
胶胆式水锤吸纳器	15～50	0.4	不充气	螺纹连接	0～100
胶胆式水锤吸纳器	15～50	1.6	充气	螺纹连接	
胶胆式水锤吸纳器	50～300	1.6	充气	法兰连接	
活塞式水锤吸纳器	15～50	5.0	充气	螺纹连接	
活塞式水锤吸纳器	50～400	5.0	充气	法兰连接	

3.0.3 当水锤吸纳器用于生活饮用水系统时，应具有卫生许可证。

4 选择和设置

4.0.1 水锤吸纳器的选择和设置应具有防止和减轻水锤对给水管道及设施的破坏,并可降低其系统的振动和噪声。

4.0.2 水锤吸纳器可用于下列场所:

 1 输水管道的水泵出口止回阀或水泵控阀后;

 2 二次供水加压水泵出口止回阀后;

 3 住宅、公共建筑安装有快速启闭阀时,在其给水支管末端;

 4 减振降噪标准要求较高的住宅、公寓、宾馆、养老院、病房等建筑;

 5 消防水泵供水高度大于 24m 时,在消防泵出口止回阀后。

4.0.3 水锤吸纳器的选择应符合下列规定:

 1 水锤吸纳器的公称尺寸应与连接管道的公称尺寸相等;

 2 水锤吸纳器的公称压力等级不应小于连接管道给水系统的工作压力;

 3 当公称尺寸小于或等于 DN50 时,宜采用外螺纹或内螺纹连接的水锤吸纳器;当公称尺寸大于 DN50 时,宜采用法兰连接的水锤吸纳器。

4.0.4 活塞式水锤吸纳器宜设置在靠近水泵出水口的拐点处下,并水平安装(图 4.0.4)。

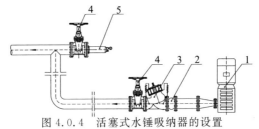

图 4.0.4 活塞式水锤吸纳器的设置

1—水泵;2—橡胶接头;3—水泵控制阀;4—检修阀;5—水锤吸纳器

4.0.5 充气胶胆式水锤吸纳器设置应符合下列规定：

1 充气胶胆式水锤吸纳器宜设置在水泵出水口止回阀或泵控阀后；

2 充气胶胆式水锤吸纳器宜水平安装，也可立式安装（图4.0.5）。

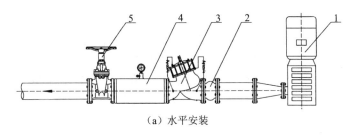

（a）水平安装

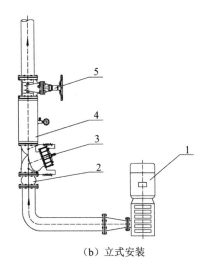

（b）立式安装

图 4.0.5 充气胶胆式水锤吸纳器设置

1—水泵；2—橡胶接头；3—水泵控制阀；4—水锤吸纳器；5—检修阀

4.0.6 不充气胶胆式水锤吸纳器设置应符合下列规定：

1 不充气胶胆式水锤吸纳器应安装在供水管的配水横管末端最后两个用水器具支管接出点之间；

2 当配水横支管长度小于或等于6m时,可仅安装一个水锤吸纳器(图4.0.6-1)。

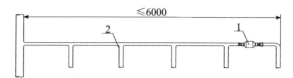

图4.0.6-1 不充气胶胆式水锤吸纳器的设置
1—水锤吸纳器;2—接用水器具支管

3 当配水横管长度大于6m时,宜在配水横管末端和配水横管中间各安装一个水锤吸纳器(图4.0.6-2)。

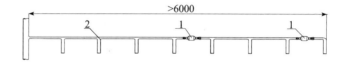

图4.0.6-2 不充气胶胆式水锤吸纳器的安装
1—水锤吸纳器;2—接用水器具支管

5 安　　装

5.0.1 水锤吸纳器的安装应与给水系统管道安装一并进行。

5.0.2 水锤吸纳器安装前应由施工单位进行初步验收，初步验收不合格的水锤吸纳器不得在工程中安装、使用。

5.0.3 水锤吸纳器初步验收应符合下列规定：

　　1 检查水锤吸纳器的公称尺寸、公称压力，应与给水系统相匹配；

　　2 检查水锤吸纳器与管道的连接方式，应符合设计要求；

　　3 检查水锤吸纳器材料及部件，应符合设计要求。

5.0.4 当水锤吸纳器与碳钢管道连接时，应采用防电化学腐蚀措施。

5.0.5 当水锤吸纳器暗装在吊顶或墙壁的给水支管时，宜用木板等装饰材料遮盖，宜留出检修口方便维护或更换。

5.0.6 水锤吸纳器的重量不应由所连接管道支撑，应与给水系统管道安装一并考虑支撑设施。

5.0.7 当安装的活塞式水锤吸纳器工程尺寸大于DN200时应在水锤吸纳器筒体的中部增加支架固定。

5.0.8 活塞式水锤吸纳器、充气胶胆式水锤吸纳器进水口处应安装检修阀。

5.0.9 安装水锤吸纳器时，应预留足够的空间进行维修和保养。

5.0.10 水锤吸纳器安装后的检查应符合下列规定：

　　1 检查水锤吸纳器的安装位置应正确；

　　2 检查水锤吸纳器与管道连接应牢固；

　　3 检查水锤吸纳器的检修阀应操作灵活；

　　4 检查充气水锤吸纳器气体压力应调试至与系统工作压力

相匹配。

5.0.11 水锤吸纳器的水压试验应与给水系统管道水压试验一并进行。

6 验收和维护

6.1 验 收

6.1.1 水锤吸纳器的验收应与给水系统管道一并进行。

6.1.2 水锤吸纳器的验收应由施工单位会同监理和建设单位的人员共同参加，必要时，可通知供货商及设计单位派人参加。

6.1.3 水锤吸纳器的验收应按现行国家标准《建筑给水排水及采暖工程施工质量验收规范》GB 50242 的有关规定执行。

6.1.4 水锤吸纳器验收应重点检查下列内容：

 1 检查产品质量证明文件。应有省级及省级以上质量、卫生监督检验机构出具的型式检验报告，产品性能应符合现行行业标准《建筑给水水锤吸纳器》CJ/T 300 的有关规定；

 2 检查产品型号、规格和安装方式，应符合设计要求；

 3 检查产品强度和密封性能，必要时可抽检；

 4 检查产品说明书及其内容应齐全，并应满足维护和保养的规定。

6.2 维 护

6.2.1 水锤吸纳器投入使用后应按本规程及产品说明书的规定定期维护和保养。

6.2.2 维护保养应包括下列内容：

 1 定期巡查充气水锤吸纳器的压力，不应有漏气现象，每月至少检查一次；

 2 给水管道停水排空后，应及时检查充气水锤吸纳器密封性，气体压力值应与产品调试完毕后的压力值一致。

6.2.3 水锤吸纳器出现损坏或充气压力降低时，应由经过培训合格的专业人员及时维护和保养或通知生产厂家及时维修。

附录 A 水锤吸纳器结构型式

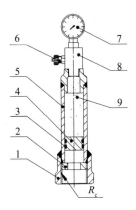

图 A-1 内螺纹连接活塞式结构水锤吸纳器
1—连接螺母;2—挡圈;3—密封圈;4—活塞5—壳体;
6—充气塞组件;7—压力表组件;8—封头;9—气囊

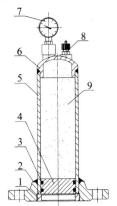

图 A-2 法兰连接活塞式结构水锤吸纳器
1—挡圈;2—连接法兰;3—密封圈;4—活塞;5—壳体;6—封头;
7—压力表组件;8—充气塞组件;9—气囊

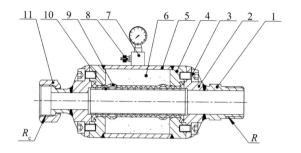

图 A-3 内、外螺纹连接充气胶胆式结构水锤吸纳器
1—连接螺纹;2—压块;3—紧固螺钉;4—闷头;5—壳体;
6—缓冲气囊;7—压力表组件;8—充气塞组件;9—胶胆;
10—多孔衬套;11—连接螺母

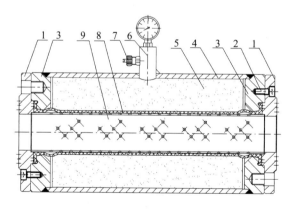

图 A-4 法兰连接充气胶胆式结构水锤吸纳器
1—连接法兰;2—紧固螺钉;3—闷头;4—壳体;5—缓冲气囊;
6—压力表组件;7—充气塞组件;8—胶胆;9—多孔衬套

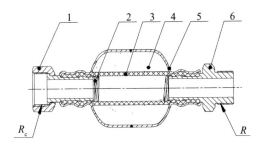

图 A-5 内、外螺纹连接不充气胶胆式水锤吸纳器
1—连接螺母;2—弹簧;3—胶胆;4—缓冲气囊;
5—壳体;6—连接螺纹

本规程用词说明

1 为便于在执行本规程条文时区别对待,对要求严格程度不同的用词说明如下:
　　1)表示很严格,非这样做不可的:
　　　正面词采用"必须",反面词采用"严禁";
　　2)表示严格,在正常情况下均应这样做的:
　　　正面词采用"应",反面词采用"不应"或"不得";
　　3)表示允许稍有选择,在条件许可时首先应这样做的:
　　　正面词采用"宜",反面词采用"不宜";
　　4)表示有选择,在一定条件下可以这样做的,采用"可"。
2 条文中指明应按其他有关标准执行的写法为:"应符合……的规定"或"应按……执行"。

引用标准名录

《建筑给水排水设计规范》GB 50015
《建筑给水排水及采暖工程施工质量验收规范》GB 50242
《建筑给水水锤吸纳器》CJ/T 300

中国工程建设协会标准

水锤吸纳器应用技术规程

CECS 425∶2016

条文说明

目 次

1 总 则 ……………………………………………… (19)
2 术 语 ……………………………………………… (20)
4 选用和设置 ……………………………………… (21)
5 安 装 ……………………………………………… (22)
6 验收和维护 ……………………………………… (23)
  6.1 验收 …………………………………………… (23)
  6.2 维护 …………………………………………… (23)

1 总则

1.0.1 水锤会造成给水管道的振动甚至破坏,而防止水锤最有效的方法之一就是设置水锤吸纳器。本规程对水锤吸纳器产品选用和设置、安装、验收、维护进行了规定。目的是做到技术先进、经济合理、使用和维修方便,保证管路运行安全。

1.0.2 本条规定了本规程适用范围。包括工业与城镇给水中的输配水工程、消防给水工程、建筑给水工程和再生水给水工程中水锤吸纳器的选用、设置、安装、验收和维护。

2 术 语

2.0.1 作为防止水锤对管路破坏的水锤吸纳器,是一种通过密封缓冲气压腔对水锤实现缓冲的水力防护装置。

按构造型式水锤吸纳器分为活塞式水锤吸纳器和胶胆式水锤吸纳器。活塞式水锤吸纳器主要靠浮动活塞的运动来压缩缓冲气压腔的气体,从而有效地缓冲水锤高压波;胶胆式水锤吸纳器主要靠气囊的伸缩来有效地缓冲水锤高压波。

活塞式水锤吸纳器全部为充气式;胶胆式水锤吸纳器分为充气式和不充气式两种,充气水锤吸纳器主要用在工作压力较高和管道公称尺寸较大的管道上;不充气水锤吸纳器主要用在工作压力小于或等于0.4MPa、平均流速小于或等于3m/s、公称尺寸小于$DN50$的管道上。

4 选用和设置

4.0.2 本条规定了水锤吸纳器的使用场所。

1、2 水锤吸纳器设置在输水和二次供水管道水泵出口止回阀或水泵控制阀的后面,既能保护管网也能最大限度地保护水泵的安全运行;

3、4 当住宅、公寓、酒店、医院病房用水器具安装快速启闭阀时,设置水锤吸纳器主要起减振降噪的作用,实际上发生水锤冲击波破坏的概率不大;

本款引自国家标准《消防给水及消火栓系统技术规范》GB 50974—2014 第 8.3.3 条的规定,是消除水锤的措施之一。

4.0.3 本条对选择水锤吸纳器做了规定。

1 水锤吸纳器采用等口径安装,不需要再另行计算,方便快捷;

2 水锤吸纳器的公称压力应大于或等于系统工作压力,保障安全运行;

3 本款规定了螺纹连接和法兰连接的分界点。

4.0.6 本条规定参考了美国标准《水锤吸纳器》(2010 年修正本) PDI-WH 201—2010。

5 安 装

5.0.6、5.0.7 为保障给水管道安全供水,这两条规定了水锤吸纳器的重量不应由给水管道支撑。DN200以上活塞式水锤吸纳器因长度较长、整体重量较重,因此规定了需用支架来固定。

5.0.10 本条对水锤安装后的检查做了规定。

4 为了更好地发挥充气水锤吸纳器消减水锤的作用,出厂预充气的压力应与具体工程的给水系统工作压力相匹配,活塞式水锤吸纳器按行业标准《建筑给水水锤吸纳器》CJ/T 300—2013第7.10.3条的规定应为给水系统工作压力的0.9倍,胶胆式水锤吸纳器出厂预充气的压力宜为0.3MPa,产品安装完毕后应把胶胆式水锤吸纳器的充气压力调整为系统工作压力的0.5倍。

6 验收和维护

6.1 验 收

6.1.1～6.1.3 这三条规定了水锤吸纳器的验收由施工单位会同工程监理和建设单位的人员在现场进行。水锤吸纳器是管道系统中的一个附件,因此应与给水系统管道一并验收,并按现行国家标准《建筑给水排水及采暖工程施工质量验收规范》GB 50242 的有在规定执行。

6.2 维 护

6.2.1 日常维护管理对于水锤吸纳器的正常使用,保证给水管网的安全至关重要,应纳入物业管理部门或供水管理部门的日常维护管理计划,切实执行。

6.2.2 水锤吸纳器日常维护管理的重点内容包括:

  1 定期检查水锤吸纳器的充气压力,能确保其水锤吸纳能力达到最佳的效果,最大限度地保护管网;

  2 每次给水管网停水后,要求检查水锤吸纳器气的压力与调试后压力值是否一致,这样能及时发现是否漏气或者活塞密封圈、胶胆等密封件有否损坏,如有漏气应及时补气,密封件损坏应及时更换和重新补气。